Docteur-Vétérinaire René AILLERIE
Vétérinaire de 3e Classe
Service Zootechnique et des Epizooties
(Afrique Occidentale Française)

L'Elevage en Côte d'Ivoire

PARIS
LIBRAIRIE LE FRANÇOIS
91, BOULEVARD SAINT-GERMAIN, 91

1926

Imprimerie Bière
18, rue du Peugue
Bordeaux
1926

L'Elevage en Côte d'Ivoire

Docteur-Vétérinaire René AILLERIE

Vétérinaire de 3e Classe
Service Zootechnique et des Epizooties
(Afrique Occidentale Française)

L'Elevage en Côte d'Ivoire

PARIS
LIBRAIRIE LE FRANÇOIS
91, BOULEVARD SAINT-GERMAIN, 91

1926

A MA FEMME

A MA FAMILLE

A MES AMIS

A MONSIEUR LE PROFESSEUR E. BRUMPT

PROFESSEUR A LA FACULTÉ DE MÉDECINE DE PARIS
MEMBRE DE L'ACADÉMIE DE MÉDECINE

Hommage de respect et de reconnaissance pour le grand honneur que vous me faites en acceptant la présidence de cette thèse.

A MONSIEUR LE PROFESSEUR P. DECHAMBRE

PROFESSEUR A L'ÉCOLE NATIONALE VÉTÉRINAIRE D'ALFORT
PROFESSEUR A L'ÉCOLE NATIONALE D'AGRICULTURE
DE GRIGNON
MEMBRE DE L'ACADÉMIE D'AGRICULTURE

Recevez, cher Maître, l'expression de mon respect et de mon parfait dévouement.

A MONSIEUR LE PROFESSEUR A. HENRY

PROFESSEUR DE PARASITOLOGIE
A L'ÉCOLE VÉTÉRINAIRE D'ALFORT

Respectueuse reconnaissance pour les bienfaits reçus de votre enseignement.

AVANT-PROPOS

« Elever, c'est produire et améliorer les animaux pour le service de l'homme ».
PIERRE.

Faire connaître l'état actuel de l'élevage en Côte d'Ivoire, indiquer les mesures appliquées pour la protection du cheptel de cette colonie, étudier les améliorations nécessaires au développement de ce dernier, telles sont les idées directrices de ce travail, résultat de trois années d'efforts.

Nous avons pensé que ces considérations zootechniques avaient leur place à l'heure où la Côte d'Ivoire, comme toutes les colonies de l'Afrique occidentale française, entreprend la lutte contre les causes de déchéance et de dépeuplement des races indigènes.

Le vétérinaire, du fait d'intensifier l'élevage des races animales autochtones, de veiller à l'hygiène des animaux domestiques, d'inspecter les viandes et les marchés, de protéger le bétail contre les maladies contagieuses si meurtrières, apporte l'aide indispensable au Service médical des Colonies pour combattre l'insuffisance alimentaire des populations noires.

L'essor industriel et commercial d'un pays comme la

Côte d'Ivoire dont les ressources de son immense forêt sont une garantie, entraîne inévitablement une augmentation de la consommation en viande.

Les peuplades de la zone forestière vivant dans l'imprévoyance la plus absolue, le ravitaillement en viande des villages indigènes ainsi que des villes européennes prend une importance croissante.

La production et l'amélioration du bétail dans les Cercles de la Colonie propices à l'élevage deviennent donc une nécessité économique et auront pour conséquence une augmentation du bien-être général.

PREMIÈRE PARTIE

SITUATION DE L'ÉLEVAGE DANS LA COLONIE

L'étroite corrélation existant entre la nature du sol, le climat, la végétation et la production animale en Côte d'Ivoire a déterminé, au point de vue de l'importance et de la qualité de l'élevage, trois zones assez nettement différenciées :

La Basse-Côte d'Ivoire ou zone forestière et des Lagunes,

La zone moyenne ou région Baoulée,

La Haute-Côte d'Ivoire ou zone soudanaise.

I. — Zone forestière et des Lagunes

Cette région englobe les Cercles de la Colonie situés entre le cinquième degré et le septième degré de latitude nord. Elle comprend les bassins inférieurs des principaux fleuves de la Côte d'Ivoire : Bia, Comoe, Bandama, Sassandra et Cavally, dont les vallées parallèles coupent la colonie en tranches régulières du nord au sud. Les pluies y sont fréquentes et la sécheresse n'y est jamais extrême : l'état hygrométrique est toujours très élevé : 94 en moyenne. Cette zone est caractérisée par une végétation arborescente intense, excessivement dense, ne laissant la place qu'à de rares et étroites savanes; elle donne suffisamment de ressources naturelles à l'indigène pour qu'il ne se préoccupe pas de l'élevage. Aussi, celui-ci est-il très limité : 5.000 bovins pour une superficie de 130.000 kilomètres carrés.

A) *Répartition des animaux domestiques.*

Les animaux de l'espèce bovine sont très irrégulièrement répartis, mais ils ne forment nulle part des centres de production. Les plus gros troupeaux se rencontrent dans les Cercles des Lagunes et de l'Agnéby. Le premier Cercle renferme environ 1.200 bovidés répartis dans les villages du littoral : région de Dabou, Toupa, Cosrou. Le second possède, à peu de chose près, 1.100 bovins vivant presque en totalité dans les subdivisions d'Adzopé et d'Agboville.

Les Cercles de l'ouest (Moyen et Bas-Cavally, Haut et Bas-Sassandra, Gouros, Lahou) ont un élevage représenté par 2.600 sujets. A l'est, le total des bœufs dans les Cercles de l'Indénié et d'Aboisso, atteint à peine 200.

Les *ovins* et les *caprins* sont plus abondants, mais par comparaison à la densité humaine (700.000 habitants) et à la superficie, l'effectif est encore faible : 13.000 ovins, 32.000 caprins.

Ce petit bétail peuple principalement les Cercles d'Agboville, des Gouros, des Lagunes.

Les porcs vivent surtout dans les régions côtières et les Cercles de Lahou (8.000), de l'Indénié (2.000) et de Man (1.500 porcs).

B) *Caractères des races rencontrées.*

1° *Bovins.* — En Basse-Côte d'Ivoire, on rencontre la race des Lagunes, décrite par Pierre, des croisements de cette race avec les bovins de la zone moyenne (race Baoulée), et des animaux des colonies nord importés pour la boucherie.

Le bétail des Lagunes est de toute petite taille et de conformation assez uniforme, avec ou sans cornes. C'est le type bréviligne et rectiligne de la classification de Baron.

La tête est épaisse, large. Le front est plat. Le chignon arrondi est assez développé et, d'autant plus, que les cornes sont pendantes ou absentes. La corne toujours rugueuse est en croissant ou en crochet. Les oreilles sont petites, portées horizontalement. L'index céphalique varie de 46 à 48.

Le tronc est cylindrique. La charpente osseuse légère supporte des masses musculaires bien développées. Le fanon est très accusé chez le mâle.

Les membres sont petits et grêles.

La taille varie de 0 m. 80 à 1 mètre; le poids atteint de 120 à 180 kgr.

La robe noire est commune. Le noir s'allie au fauve

et au froment foncé, teinte formant le plus souvent bande sur la ligne dorsale. L'alliance avec le blanc est plus rare.

La vache des Lagunes est très peu laitière. Le veau se sèvre seul.

En dépit de sa faible corpulence, la race des Lagunes fait une excellente race de boucherie ; malheureusement, elle disparaît de plus en plus.

2° *Ovins.* — La population ovine de la forêt se rattache à la race ovine du Fouta-Djallon dont elle n'est qu'une forme dégénérée.

Ce mouton est de toute petite taille : 50 centimètres au plus. Son poids est rarement supérieur à 20 kgr. et il donne un rendement de 44 % environ.

C'est un type brachycéphale, bréviligne et rectiligne.

La tête est épaisse et étroite. Le chanfrein est droit. Les cornes chez le mâle sont peu développées. Elles sont annelées. Les oreilles sont pendantes.

L'encolure est fine ; chez le bélier, des poils longs et épais en couvrent le bord inférieur, se prolongeant dans l'inter-ars.

La poitrine est étroite, sanglée. La ligne dorso-lombaire est rectiligne. Le squelette est lourd.

Les membres sont grossiers. Les cuisses sont plates. La queue est courte.

Les robes noires et blanches sont les plus répandues. Les poils sont, ou courts, ou fins et brillants, ou longs et épais. Ce ne sont là que des variations individuelles existant sur des animaux d'une parenté rapprochée.

3° *Caprins.* — C'est la race du Fouta que l'on rencontre, avec une taille un peu plus faible : 40 centimètres en moyenne.

La tête est forte, bosselée au niveau du front du fait de l'implantation des cornes. Ces dernières sont dirigées en arrière et en bas. Elles sont couchées sur le bord supérieur de l'encolure chez le mâle. Le chanfrein est court.

L'encolure est fine; le tronc est trapu; les membres sont courts et épais. La queue est courte et relevée.

Les mamelles sont parfois assez développées, les trayons sont petits.

La robe est gris marron ou fauve clair avec raie de mulet. Les robes noires avec de grandes taches blanches sont également assez répandues.

Le mâle est trapu. Il a une barbiche longue et bien fournie et porte une ligne de poils dressés et plus foncés sur le dos.

Le poids moyen des caprins de la Basse-Côte d'Ivoire est d'environ 25 kgr. Ces animaux donnent une viande très appréciée. Ils s'engraissent très vite. Leur aptitude digestive est très élevée; ils vont jusqu'à digérer les matières ligneuses et la cellulose et, de ce fait, sont nuisibles aux jeunes arbres. Ils sont vigoureux, rustiques et d'humeur très vagabonde.

4° *Porcins.* — Les porcs qui existent en Basse-Côte d'Ivoire, comme dans toute la colonie d'ailleurs, ont des caractères se rattachant à ceux de la race circum-méditerranéenne à oreilles courtes et horizontales, mais n'ont aucun type bien déterminé.

C'est une race dolichocéphale. Le chanfrein cylindro-conique est droit et très allongé. Les oreilles sont petites, légèrement portées en avant. La ligne dorso-lombaire est saillante. La croupe est très oblique, le jambon est plat.

La peau est plus généralement piquetée en noir, les soies sont rares.

La taille atteint 50 centimètres et le poids moyen : 50 kgr. Certains animaux castrés et engraissés peuvent atteindre 90 kgr. Un croisement judicieux, certes, pourrait apporter une grosse amélioration dans la production de la viande.

C) *Etat de l'élevage*

L'élevage des bovins dans la zone forestière et des Lagunes est pour ainsi dire inexistant.

Comment pourrait-il en être autrement? La végétation si riche de la forêt avec son inextricable fouillis de lianes, ne laisse que d'étroits espaces à la poussée de mauvaises graminées à tiges ligneuses, ou de carex, et, quand on rencontre des zones de savanes assez étendues comme celle de Dabou, on ne trouve que le vulgaire imperata. L'élément végétal est, en Basse Côte, l'ennemi qui submerge et envahit tout; l'indigène le combat par le feu pour s'y ménager une trouée où il cultive le riz ou le manioc, où il plante sa bananeraie. Cette végétation intense est en outre favorable aux mouches piqueuses dont les régions préférées sont les régions humides et boisées abritées contre les vents et les rayons solaires.

Aussi les rares indigènes possédant des troupeaux, tels qu'à Pass, Toupa, Cosrou, villages du Cercle des Lagunes, sont-ils obligés, très souvent, de brûler les herbes des savanes pour que leurs animaux profitent des jeunes pousses plus vertes et plus tendres. Mais en nombre d'endroits, les bœufs sont obligés de se contenter de pauvres herbes, et de feuilles d'arbustes, plus riches en cellulose qu'en matières digestibles. Les suppléments de rations au village sont inconnus; c'est par hasard que les bêtes profitent de bananes ou d'épluchures de manioc.

Les indigènes de la côte n'ont aucun souci de l'élevage. Les Kroumen, habitants de la côte ouest, grands, forts, robustes, piroguiers et nageurs incomparables, sont des hommes de mer par excellence. Les populations installées sur le bord des lagunes, près d'endroits marécageux, aiment mieux se livrer à la pêche et à l'exploitation du palmier à huile qui leur rapportent davantage. Les Koua-Koua, les Agni-Ashanti, familles de la forêt, considèrent leurs animaux comme des êtres inférieurs, uniquement intéressants pour les sacrifices : ils font l'objet d'offrandes incessantes aux dieux fétichistes aux moments des fêtes de famille ou lors des réjouissances au village. Les indigènes ne cherchent pas en eux une autre utilisation. D'ailleurs, ces populations n'aiment pas le bétail. Ce dernier vit indépendant dans la brousse et va, dans les plantations, chercher le supplément de ration dont il a besoin. Bien mal fait-il, car il est le plus souvent sacrifié après un ou deux méfaits.

Le nombre des animaux s'efface de plus en plus et les centres européens de la côte (Abidjan, Bassam, Bingerville, etc.), ainsi que les villages indigènes, doivent compter pour leur ravitaillement sur l'élevage des deux autres zones et sur l'importation des bœufs soudanais et de ceux de la Haute-Volta.

Les moutons et les chèvres jouissent d'un bien-être relatif. L'indigène ne s'en soucie pas plus que de ses bœufs ; mais ce petit bétail, ne s'éloignant pas du village pour trouver sa nourriture, prélève sur les aliments de l'homme un complément de ration. Sa familiarité audacieuse lui donne tous les droits : il pénètre dans les cases, inspecte les calebasses, et profite de tous les restes et débris de tubercules et bananes non utilisés.

L'élevage des moutons de cases tel qu'il est pratiqué par les populations sénégalaises et soudanaises est inconnu chez les indigènes de la forêt : la castration des mâles n'est jamais effectuée et par suite l'engraissement jamais réalisé.

Le porc, en raison de sa fonction d'assimilation et de transformation des aliments, vit bien partout. La race est très prolifique. S'il était mieux compris, l'élevage du porc pourrait être d'une grosse ressource pour la Basse-Côte d'Ivoire.

II. — Zone moyenne ou région Baoulée.

Cette zone, moins étendue que la précédente, est comprise entre le septième et le neuvième degré de latitude Nord. Elle est arrosée par le cours moyen des fleuves Sassandra, Bandama, Comoé et par leurs nombreux affluents. L'état hygrométrique oscille dans cette région autour de 75. Les pluies y sont encore abondantes : 1. 200 à 1.400 mm. Le pays est encore boisé, car la forêt s'étend jusque vers le 8e degré de latitude Nord dans le cercle de Man et vers le 7e degré 30 dans le bassin du Comoé; mais le centre de cette zone, entre le Bandama, son affluent le N'Zi et la Comoé est formé de vastes savanes.

La zone moyenne comprend le sud du cercle du Ouorodougou, le cercle du Baoulé, le sud du cercle des Tagouanas, le nord du N'Zi-Comoé.

A) *Répartition des animaux domestiques.*

La densité de la population bovine dans ces régions était jadis très élevée, mais elle a fortement diminué du fait des épizooties de peste bovine et de péripneumonie de 1911-13-18-22. Les plus gros troupeaux vivent actuellement dans le cercle du Baoulé (nord et ouest de la subdivision de Béoumi, est de la subdivision de Bouaké) et au sud du Cercle des Tagouanas. La région baoulée ne compte aujourd'hui que 8.000 têtes, alors qu'en 1911, les bovidés se chiffraient à 20.000.

Dans le sud du Ouorodougou et dans le nord du N'Zi-Comoé, il n'y a plus de troupeaux proprement dits, les bovins ne se chiffrent que par unité dans les villages.

Les moutons et les chèvres sont très répandus. Il n'y a pas un seul village sans ces rustiques animaux. Le Cercle Baoulé comprend à lui seul la moitié de la population caprine de la zone moyenne : 26.000 caprins. Il faut dire que la population de ce Cercle est très dense puisqu'elle atteint 40 au kilomètre carré en certains points (subdivision de Béoumi). Les moutons ne forment de véritables troupeaux que dans le Ouorodougou et le N'zi-Comoé. Ils sont représentés par 31.000 têtes.

Les porcs se nombrent jusqu'à 4.000 environ dans la région Baoulé; l'élevage n'est encore qu'à son début.

B) *Caractères des races rencontrées.*

1° *Bovins.* — Dans la zone moyenne, le plus gros effectif des bovins est fourni par la race baoulée.

Lors du grand mouvement migrateur hispanique, vers le début du XIe siècle, les populations Foulbées, essaimèrent avec leurs troupeaux vers le Fouta-Toro. Elles pénétrèrent en Côte d'Ivoire, vers Gotogo, Bondougou, et Kong au commencement du XVe siècle, marchèrent vers le Sud en 1776, après la fondation du royaume toucouleur et grâce aux transactions commerciales, leurs troupeaux gagnèrent leur habitat actuel : le pays Baoulé.

En raison de l'isolement de certaines tribus et par suite de la consanguinité étroite qui existait dans les villages, les caractères premiers se modifièrent par adaptation au milieu, au climat, à l'alimentation. Ainsi se forma une grande famille baoulée, ayant une individualité propre et dont les caractéristiques se fixèrent chez tous les descendants.

La race baoulée entre dans le groupe des bovins brachycéphales, rectilignes et brévilignes. C'est une race ellipométrique ; taille : un mètre à 1 m. 10 chez la vache ;

1 m. à 1 m. 15 chez le taureau; poids moyen : 200 kg. pour la vache, 210 kg. pour le taureau, 220 kg. pour le bœuf.

La tête est massive, la ligne du chignon rectiligne, le front plat. Chez la vache, ce dernier offre une dépression entre les orbites. Les cornes sont du type orthoceros. Les arcades orbitaires ne sont pas saillantes, les oreilles sont courtes, larges, portées horizontalement.

L'encolure est courte; mince chez la vache, elle est très forte chez le taureau où elle présente un bord supérieur convexe. Le fanon est très développé chez le mâle.

Le garrot est droit, sans démarcation avec la ligne dorsale. Le dos est droit, le rein large.

L'épaule est longue et musclée.

La poitrine est descendue, la côte plate s'évase pour encadrer le ventre volumineux qui lui fait suite.

La cuisse et les fesses sont bien dessinées. La culotte descend jusqu'au tiers inférieur de la jambe.

La queue est légèrement surélevée à son insertion.

Les membres sont fins, un peu empâtés au niveau du paturon.

La peau est souple, le poil est court et brillant. La robe est pie-noire, noire-pic, pie-jaune ou pie-noire et jaune, rarement fauve ou froment. Les extrémités sont foncées, noires ou marquées de noir.

Mensurations faites à la ferme d'élevage de Bouaké :

	Taureau 6 ans noir pie	Vache 6 ans noire
Tête : longueur	0 m. 45	0 m. 40
— largeur	0 m. 21	0 m. 17
Hauteur au garrot	1 m. 05	1 m. 01
Longueur du corps	1 m. 24	1 m. 28
Périmètre thoracique	1 m. 40	1 m. 38
Largeur des hanches	0 m. 36	0 m. 36
Hauteur de terre au sternum	0 m. 45	0 m. 47

L'aptitude dominante des bovins baoulés est la production de la viande.

Dans les conditions actuelles de l'élevage, les rendements varient de 48 à 52 %. Certains bœufs, sujets de pâturages, peuvent arriver à donner 55 % de viande nette. Quelques-uns engraissés donnent même 57 et 60 %. Le maximum est enregistré après les pluies, le minimum en période sèche, pendant les mois de novembre, décembre, janvier.

Les maniements du couard, de la hampe, de l'aloyau sont parfois très apparents, mais le plus souvent la production de la graisse n'est pas en rapport avec le développement musculaire. La viande n'est jamais persillée, même chez les sujets ayant une abondante graisse de couverture.

L'aptitude laitière est très faible, comme chez la race des Lagunes : 2 litres 1/2 à 3 litres chez les meilleures laitières et en pleine lactation.

Le bœuf baoulé n'est utilisé à aucun travail ; cet animal est encore complètement sauvage, tant est précaire l'élevage en Côte d'Ivoire.

2° *Ovins.* — Les moutons de la zone moyenne font partie du type « petit, à tête fine » qui peuple le Fouta-Djallon. Leur taille est de 40 à 50 centimètres. Ils sont peu développés musculairement : la poitrine est étroite, sanglée; les cuisses sont plates. Ils pèsent de 20 à 25 kg. et donnent un rendement de 44 à 50 %.

Mensurations faites à Bouaké :

	Brebis 2 ans	Bélier 2 ans
Longueur de tête	15 cm.	16 cm.
Largeur —	10 cm.	9 cm.
Oreilles	9 cm.	5 cm.
Longueur du corps	50 cm.	54 cm.
Longueur de la queue	16 cm.	20 cm.
Hauteur du sol au sternum	25 cm.	31 cm.
Taille	45 cm.	54 cm.

3° *Caprins.* — Les chèvres appartiennent au type « petit et trapu » de l'Afrique occidentale. Il s'agit d'une variété de la chèvre de Guinée ou du Sud.

	Chèvre 3 ans	Bouc 3 ans
Longueur de la tête	17 cm.	15 cm.
Largeur —	10 cm.	10 cm.
Longueur des oreilles	9 cm.	5 cm.
Longueur du corps	60 cm.	56 cm.
Longueur de la queue	10 cm.	12 cm.
Hauteur du sol au sternum	21 cm.	21 cm.
Taille	47 cm.	48 cm.

4° *Porcs.* — C'est la race primitive de la Basse-Côte que l'on rencontre également dans la région Baoulée.

C) *Etat de l'élevage.*

Dans un pays si bien doué au point de vue de l'élevage des bovins, les conditions d'entretien des animaux sont des plus précaires. Les tribus du groupe des Agnis ainsi que les populations de la lisière de la forêt (Touras, Dans, Gouros), sont comblées par la richesse végétale et ne cherchent nullement à faire de l'évage, ni à tirer parti des animaux qu'ils possèdent.

En toute saison, le bétail vit dehors, sans aucune suveillance. Les accouplements sont livrés au hasard et de ce fait les produits sont décousus. La castration des mauvais taureaux n'est jamais pratiquée. L'herbe de la brousse constitue toute la nourriture des animaux; aussi ceux-ci dépérissent-ils pendant la période des hautes herbes et des feux de brousse (mois de décembre janvier, février) alors qu'ignames, manioc, maïs, feuilles de patates, tiges d'arachides, existent dans toutes les régions. C'est pendant ce régime de misère, où le bétail se contente de l'herbe verte coriace des marigots ainsi que des tiges à demi-calcinées de la brousse, que l'on observe la plus grosse mortalité parmi les jeunes. C'est, en effet, en saison sèche, que l'entérite diarrhéique des veaux fait le plus de victimes, le lait de la mère diminuant et devenant moins riche en phosphates. C'est là une des grandes causes de la lenteur du repeuplement dans les villages.

III. — Haute-Côte d'Ivoire ou zone soudanaise.

La Haute-Côte d'Ivoire est le pays de transition entre la forêt et les savanes ensoleillées du Soudan. Elle est arrosée par le cours supérieur des principaux fleuves de la colonie : à l'est, le Sassandra et ses affluents, la Boa, la Feredougou-Ba ; au centre, le Bandama rouge ou Marahoué, le Bandama blanc, le N'Zi; à l'ouest, le Comoé. Les rives de ces fleuves sont bordées d'une végétation très dense. Ces torrents ont des crues importantes en septembre et en octobre ; pendant ces mois les communications sont coupées. Outre ces fleuves importants, des ruisseaux nombreux coulent au fond des vallées profondes et encaissées. Le relief du sol est plus accentué que dans les zones précédentes. On aperçoit quelques massifs, séries de petits mamelons et de plateaux, lesquels s'isolent de plus en plus, à mesure que l'on marche vers le nord. Presque partout, les troupeaux trouvent à s'abreuver en eau potable et il n'y a nulle part de transhumance.

L'état hygrométrique ne dépasse pas 60 de moyenne. A l'ouest, et au centre, il tombe 1.200 à 1.500 mm. d'eau par an et parfois davantage. Les pays du Nord-Est reçoivent moins de pluies : 850 mm. par an.

La Haute-Côte d'Ivoire comprend le nord du Cercle des Tagouanas, le nord du Ouorodougou, le Cercle du Bondougou, les cercles de Kong et d'Odienné, le Cercle de Bouna.

A) *Répartition des animaux domestiques.*

Les régions les plus peuplées sont : le Cercle de Korhogo et la subdivision d'Odienné. La subdivision de Touba (cercle d'Odienné), le Cercle du Ouorodougou, le nord des Tagouanas sont épuisés par des épidémies successives.

Le Cercle de Kong (Korhogo) à lui seul, possède un effectif en bovins bien supérieur à celui des autres Cercles cités. C'est dans la concavité de la boucle décrite par le Bandama que se trouve le plus grand nombre de bœufs. Les cantons de la subdivision de Korhogo possèdent 30.000 têtes de gros bétail. Certains villages ont des troupeaux de 100 à 200 têtes.

La route de Kaouara à Tafiré, reliant la colonie de la Haute-Volta à Bouaké et à la Basse-Côte d'Ivoire, constitue, à l'est, la limite de l'extension des bovins dans le Cercle. Très dense dans la région de Korhogo, la population animale devient nulle ou presque au voisinage des fleuves, par suite de la faible densité de la population humaine et de la présence des tsé-tsés, rendant les trypanosomiases endémiques.

Dans la région de Boundiali, les troupeaux sont moins importants que vers Korhogo ; ils sont d'ailleurs en rapport avec les groupements humains.

Le Cercle d'Odienné vient au 2e rang ; mais sa population bovine n'est que de 5.000 têtes. La répartition de ce bétail ne peut être nettement définie. Les différences de densité sont peu sensibles d'un canton à l'autre ; les troupeaux se voient dans le Fouladougou, le Nahoulou, le Kabadougou et le Toron. La subdivision de Touba, autrefois très peuplée, ne compte plus que quelques centaines de bovins.

Le Cercle du Bondougou ainsi que la région de Bouna offrent peu d'intérêt.

Le nord du Ouorodougou, le nord des pays Tagouanas n'ont plus que quelques milliers de bœufs, la péripneumonie et la peste bovine ayant détruit une grosse partie du cheptel.

Le petit bétail présente un groupement analogue à celui des bovins.

Les moutons sont au nombre de 50.000, les caprins se chiffrent à 65.000.

Les porcs au nombre de 1.600 sont surtout répandus dans le nord des pays Tagouanas.

Les chevaux sont peu nombreux : 500 environ. Ils se rencontrent surtout dans les agglomérations un peu importantes des cercles d'Odienné et de Korhogo.

B) *Caractères des races rencontrées.*

1° *Bovins.* — Plusieurs modèles de bovins peuplent la zone soudanaise : la race baoulée déjà décrite, qui constitue au nord-est et à l'est de Korhogo, la plus grande partie du cheptel bovin, vit dans les villages les plus rapprochés des fleuves, grâce à sa résistance naturelle aux trypanosomiases.

Le nord-ouest et le centre du Cercle de Kong, le Cercle de l'Odienné, l'ouest de Touba, possèdent des représentants de la race du Fouta-Djallon : *les bœufs N'Dama.*

C'est une race fine et rustique, à poil fauve plus sombre aux extrémités ou à robe gris-fauve à taches blanches. La taille est de 1 m. 10 à 1 m. 20. Le poids moyen ne dépasse pas 250 kgr.

De nombreux métis baoulé-fouta, zébu-baoulé, zébu-fouta, sont dispersés en plusieurs points et offrent tous les intermédiaires entre les espèces pures.

D'une façon générale, on peut dire que la répartition de ces races est influencée par la présence des glossines. Là où les risques d'infection par les trypanosomes deviennent plus fréquents, la présence d'animaux baoulés est toujours constatée. Une immunité naturelle permet à ces derniers de s'étendre au delà des limites des zones infectées où les autres races ne peuvent vivre longtemps.

2° *Moutons et chèvres.* — Les moutons et les chèvres sont, pour le plus grand nombre, des dérivés de la race du Fouta-Djallon. La taille est un peu augmentée, les masses musculaires sont plus développées que chez le vrai type Fouta.

Dans les cantons où la vie culturale est intense, on rencontre quelques rares moutons du Macina ; ceux-ci sont d'ailleurs en très mauvais état, car ils sont soumis aux influences morbides de la région.

Les villages musulmans possèdent quelques types de race maure qui sont la propriété des commerçants dyoulas ; ces derniers les élèvent et les engraissent pour le jour du « Tabaski ».

Sur tous les marchés, en particulier sur les marchés à kolas, se voient les moutons et les chèvres d'importation soudanaise : type maure des bords du Sénégal, ou du Sahel, type Touareg, etc.

3° *Porcs.* — Les porcs trouvés en Haute-Côte d'Ivoire viennent originairement de la Basse-Côte.

4° *Chevaux.* — Les chevaux existants en Haute-Côte d'Ivoire sont des animaux importés. Ils y ont été amenés par des traitants soudanais qui se livrent à l'important commerce d'échange existant entre les pays soudanais et la Côte d'Ivoire : bœufs, chevaux, moutons et chèvres à l'importation, noix de kola à l'exportation.

Ces chevaux viennent des régions de Bamako, de Segou, de la Haute-Guinée, du Mossi ou du Macina. Ils sont tous sensibles aux trypanosomiases. Comme pour les bœufs, le degré de résistance est en raison inverse de la taille et il semble que ce soit les petits, mais robustes cotocolis (1 m. 10 en moyenne) qui résistent le mieux.

C) *Etat de l'élevage en Haute-Côte d'Ivoire.*

L'élevage diffère avec les populations de l'Ouest, celles du Centre et celles de l'Est.

A l'ouest, les tribus Mandés musulmanes et conquérantes n'ont pas d'attachement pour leurs animaux, et partant, ne cherchent pas à reconstituer les troupeaux décimés par les guerres de Samory ou les épizooties successives.

Au centre et à l'est, les Sénoufos, descendant de la grande famille soudanaise, sont travailleurs et dociles. Quoique cette population, n'ait pas, en général, un attachement marqué pour son bétail, il est des Sénoufos soucieux du bien-être de leurs troupeaux. Si les bœufs vivent en plein air en n'importe quelle saison, dans de nombreux villages, il est cependant des indigènes qui se préoccupent, au moins, d'abriter leurs animaux pendant la nuit, dans des étables rudimentaires.

Dans les villages qui ont la chance de posséder un Toucouleur, la castration est quelquefois pratiquée, mais elle n'est pas encore assez répandue. Il y a parfois sept ou huit taureaux dans un troupeau où un seul suffirait.

La traite n'est pas pratiquée, sauf dans les cas très rares où un dyoula met au service du village ses connaissances de l'élevage.

Malheureusement, comme dans tous les villages de la Colonie, aucun choix ne préside dans la reproduction : taureaux, vaches, génisses, taurillons, velles et veaux vivent ensemble aux pâturages.

Le sevrage n'a pas de limite, le jeune tète quelquefois jusqu'à deux ans. L'alimentation du bétail n'est jamais surveillée.

Les moutons et les chèvres vivent, comme dans la région baoulée, dans l'indépendance la plus absolue.

Le porc remplit, avec le vautour et le chien, la mission de débarrasser le village de tous les détritus.

L'élevage du cheval n'existe pas; le cheval est un signe de richesse pour l'indigène qui le possède; il est la propriété des notables du village qui le font caracoler sur la place devant le tam-tam, ou filer à triple galop sans souci de la conduite de la bête. Les chevaux sont généralement en assez bon état pendant un an ou deux, puis échappant très rarement aux trypanosomiases, ils maigrissent et meurent.

Effectif total de la Côte d'Ivoire

	Bovins	Ovins	Caprins	Suidés	Equidés
Basse-Côte d'Ivoire	5.000	13.000	32.000	10.500	0
Zone moyenne ...	8.000	43.000	51.000	3.500	10
Haute-Côte d'Ivoire .	45.000	50.000	65.000	2.000	500
	58.000	106.000	148.000	16.000	510

Disponibilités actuelles.

a) *Bovins.* — En Côte d'Ivoire, la production annuelle en bovins susceptibles d'être utilisés pour la boucherie est sous la dépendance des circonstances suivantes :

— les vaches n'ont leur premier vêlage qu'à 5 ans.

— le nombre des naissance annuelles n'est au plus que de la moitié du nombre des vaches : il y a lieu de considérer en effet la stérilité, la non-fécondation, l'avortement, la diarrhée infectieuse des jeunes, l'action de la sécheresse, les mauvaises conditions d'entretien.

— les nouveau-nés se répartissent à peu près également en mâles et en femelles;

— les maladies sporadiques, enzootiques ou épizootiques provoquent une diminution du nombre des disponibilités (le tiers des animaux nouveau-nés disparaît dans ces conditions avant d'avoir 4 ans);

— l'abatage ne peut porter que sur des animaux

ayant l'âge de 4 ans, âge minimum d'admission à la boucherie; la consommation d'animaux plus jeunes entraînerait une perte de viande, et de plus, cette viande serait pauvre en éléments nutritifs.

J'estime donc approximativement à 5 % de la population y compris les vaches stériles de 7 ans et les vaches de plus de 12 ans, le nombre des animaux de boucherie utilisables par année.

Pour les caprins, le nombre des animaux vendables est d'environ 22 % de la population totale.

Pour les ovins, le nombre des disponibilités est de 10 % du total, soit 10.600 têtes par année.

Pour les porcs, la mortalité assez forte par maladies parasitaires réduit à 6.000 le chiffre annuel des disponibilités.

C'est peu pour une population de 1.545.000 habitants. Aussi est-ce une nécessité économique d'intensifier l'élevage des animaux domestiques et en particulier des bovins, dans les zones les plus favorables à son développement, c'est-à-dire dans la zone moyenne et la Haute-Côte d'Ivoire.

DEUXIÈME PARTIE

PROTECTION DE L'ÉLEVAGE

I. — Obstacles à l'extension du bétail.

Si, à l'heure actuelle, le cheptel de la Côte d'Ivoire, n'a pas acquis le développement qu'il est susceptible de prendre, c'est que, depuis quelques années, deux grands obstacles en ont diminué considérablement la valeur et par suite se sont opposés à son extension.

Ce sont :

1° l'endémicité des trypanosomiases qui rendent la répartition du cheptel très irrégulière.

2° la fréquence des épizooties de peste bovine et de péripneumonie dont la source est dans les relations commerciales de la Côte d'Ivoire et des colonies voisines.

D'autres maladies s'ajoutent également à ces fléaux de destruction :

— chez les bovins : les affections sporadiques; les maladies parasitaires, la diarrhée infectieuse des jeunes, la cachexie, etc.

— chez les ovins et les caprins, l'heart-water pendant la saison des pluies, le parasitisme intestinal et pulmonaire pendant la saison sèche, la gale, etc.

— chez le cheval, la lymphangite épizootique, la gale,

— chez le porc, les maladies microbiennes et parasitaires.

Mais ces causes de mortalités étant intimement liées aux mauvaises conditions d'existence des troupeaux, leur disparition est sous la dépendance même de l'amélioration proprement dite de l'élevage et de l'assistance médicale.

Nous ne nous occuperons donc dans ce chapitre que des causes premières qui demandent des mesures de lutte toutes spéciales.

Trypanosomiases. — Les trypanosomiases constituent dans toute la colonie, un obstacle sérieux à son essor économique. Non seulement, les trypanosomiases contribuent à rendre désertiques les vastes étendues en bordure des grands fleuves, mais encore elles empêchent l'utilisation du portage animal. Il en résulte, que plus favorisée que ses voisines par la richesse de son sol, l'humidité de son climat, la diversité de ses produits, la Côte d'Ivoire ne peut, faute de moyens de transport, tirer profit de la plus grande partie de son territoire.

Les trypanosomiases s'opposent à l'acclimatement des équidés. Si quelques chevaux, quoique sensibles, arrivent à vivre quelques années dans une région infectée, c'est que, grâce à un travail léger, purement local, et à un mode de vie tout à fait artificiel, ils sont temporairement préservés de l'infection. Mais ceux qui parcourent de longues distances ne résistent pas.

Les chevaux nés et élevés dans le pays, très rares,

(comme il m'a été donné d'en voir dans l'Odienné et dans la subdivision de Touba) ne sont pas plus réfractaires aux trypanosomiases que les animaux importés. Les trois trypanosomiases que nous avons pu observer chez les chevaux examinés sont dus à Trypanosoma Pecaudi, Trypanosoma Cazalboui, et Trypanosoma Dimorphon. La plus grave des trois semble être due à Trypanosoma Pecaudi; la guérison est rare. Tous les chevaux que nous avons trouvé cliniquement atteints par Trypanosoma Pecaudi sont morts.

Les ânes, peut-être plus encore que les chevaux, sont décimés par les maladies à trypanosomes. Ils viennent du Soudan se charger de kolas dans les régions forestières de la Côte d'Ivoire. Les voyages de plusieurs mois accomplis par ces animaux rendent nombreuses les chances d'infection, car tous les passages de rivières et de marigots sont infestés de diptères piqueurs. Les indigènes ont depuis longtemps constaté que les caravanes venant de Bamako ou de Ségou (Soudan) perdaient la plus grosse partie de leur effectif dans leur voyage à travers la Haute-Côte d'Ivoire. La proportion des ânes infectés est considérable comme le montrent les examens que nous avons faits dans les divers pays visités. En voici des exemples :

A Tengréla (Cercle de Kong) 7 ânes de passage examinés : 7 atteints.

A Bako (route d'Odienné à Touba) 15 ânes examinés : 12 atteints.

A Kabangoué Cercle de l'Odienné) 5 ânes examinés : 5 atteints.

A Bouaké (Cercle du Baoulé) 11 ânes examinés : 9 atteints.

D'après les renseignements pris auprès des caravaniers, leurs ânes ne font jamais plus de deux voyages.

Les trypanosomiases sont aussi très répandues dans les zébus importés en Côte d'Ivoire, en vue du ravitaillement en viande de la Basse-Côte. Ces bœufs, provenant du Macina, du Mossi ou du Sahel, trouvent sur le parcours des routes caravanières de tels risques d'infection que quelques-uns meurent en route et que les autres arrivent à Bouaké dans un état de maigreur extrême. Nous avons rencontré en avril et en mai 1924, à Ferkéssédougou, une forme aiguë de Souma, sur des bœufs à bosses originaires du Mossi. Cette race s'est montrée très sensible au virus de Trypanosoma Cazalboui. Du 11 avril au 9 mai, dans un troupeau composé de 23 zébus, 9 animaux sont morts de cette maladie. Pendant le trajet de Ferkéssédougou à Bouaké, 5 autres zébus périrent et le reste du troupeau arriva à Bouaké, dans un état de faiblesse et de misère si accusé, que la viande fut reconnue impropre à la consommation européenne et indigène.

Les moutons et les chèvres d'importation et les autochtones semblent moins souffrir des affections à trypanosomes.

Le chien sédentaire de l'indigène est peu fréquemment atteint ; mais les chiens importés d'Europe et les chiens métis vivant et se déplaçant avec l'Européen sont sensibles au virus.

Peste bovine et péripneumonie. — La peste bovine a

pénétré en Côte d'Ivoire du fait des transactions commerciales existant entre les colonies du Nord : Soudan et Haute-Volta et la zone forestière et des Lagunes. Elle s'est répandue grâce à l'insouciance du noir à qui il faudra longtemps pour comprendre toute l'importance des lois sanitaires. Le dyoula laisse facilement ses malades au lieu-même où la maladie se montre dans son troupeau ; mais il n'en continue pas moins sa route avec les autres animaux en puissance d'infection, essaimant ainsi les malades et répandant la contagion toujours plus avant. Il est à remarquer que ce sont, d'abord, les villages situés sur la route des caravanes qui ont vu disparaître leurs bovins ainsi que ceux construits auprès des sentiers de brousse, les troupeaux malades empruntant frauduleusement ces étroits chemins qui serpentent dans les hautes herbes. Le mode d'élevage décrit précédemment fut aussi une grande cause de la propagation de la peste.

Les Cercles de la Haute-Côte d'Ivoire furent atteints à des époques variables; seules les régions protégées par une défense naturelle purent conserver leur cheptel : tel le centre d'élevage de Korhogo situé dans la boucle décrite par le fleuve Bandama. Par contre, les cantons du Cercle de Kong situés à proximité de la route du Soudan (Niellé, Ferkéssédougou, Tafiré) furent les victimes de la contamination.

Le Cercle d'Odienné, la subdivision de Touba, le Cercle de Séguéla ont vu disparaître la plus grosse partie de leurs troupeaux par suite de l'important commerce d'échange de bétail et de kolas et de la multiplicité des voies d'accès.

Le canton de Kong, le Cercle de Bouna, les Cercles des Tagouanas et du Bondougou furent infectés par des troupeaux de passage venant du Niger et de la Haute-Volta. A l'époque des fêtes musulmanes, des marchands étrangers amènent des taureaux de ces deux colonies, empruntant la piste Kong Dabakala ou les sentiers de brousse, pour les vendre dans les villages musulmans de ces différentes régions. Ils vont même jusqu'à Abengourou et Aboisso, et c'est ainsi que les maladies contagieuses ont pénétré dans les Cercles de l'Indénié et d'Assinie.

La peste bovine fit périr les trois quarts de l'effectif bovin de la Colonie en quatre années : 1911, 1913, 1918, 1922, dates des plus fortes épizooties. La région la plus peuplée du Cercle Baoulé vit son cheptel diminuer de 12.000 têtes.

La péripneumonie, venant s'ajouter à la peste bovine acheva, avec cette dernière, la destruction du bétail dans certains Cercles.

Le caractère constant des épizooties qui frappèrent les bovins de la Colonie, est d'avoir été très irrégulier. La péripneumonie a toujours sévi d'une façon déconcertante et imprévue dans l'intérieur de la Colonie, laissant coire que la maladie existait à l'état endémique; mais à l'enquête, une cause secondaire révélait chaque fois la source du mal : transport de quartiers d'animaux morts ou passage en fraude d'animaux infectés dans une région saine.

La contagion de la péripneumonie est lente. On ne voit pas, comme au Sénégal ou au Soudan, le fléau s'abattre brutalement sur toute une région; la maladie s'infiltre au contraire lentement et pénètre dans des pays d'élevage en apparence bien défendus. Ceci tient à l'absence de transhumance, à la faiblesse du mouvement commercial du bétail de villages à villages, à la diversité des causes secondaires de la contagion.

II. — Mesures prises pour la protection du bétail.

a) *Trypanosomiases.* — Pour permettre l'exploitation aussi étendue que possible des animaux domestiques et pour éviter des expériences improductives et coûteuses en vue de l'adaptation d'espèces animales améliorées, nous avons essayé, dans la mesure de nos moyens, de rechercher dans la zone moyenne et dans la Haute-Côte d'Ivoire, les régions habitées par les glossines et d'en tirer profit pour l'introduction des espèces domestiques résistantes.

Les résultats des examens microscopiques que nous avons pratiqués sur le parcours des routes caravanières nous ont permis de constater que les trypanosomiases animales existent avec plus ou moins d'intensité dans tous les Cercles de la Haute-Côte d'Ivoire et de la région Baoulée, et qu'elles interdisent l'élevage aux abords des principaux cours d'eau : Comoé, N'zi, Bandama, Bagoé, Marahoué, Sassandra.

Les trois principaux agents pathogènes rencontrés : Trypanosoma Pecaudi, Trypanosoma Cazalboui, Trypanosoma Dimorphon, se répartissent ainsi :

Trypanosoma Pecaudi : Cercles de Kong, d'Odienné, du Ouorodougou, Nord du Baoulé.

Trypanosoma Cazalboui : Cercles de Kong, d'Odienné, Nord du Ouorodougou.

Trypanosoma Dimorphon : Cercles du Ouorodougou, du Baoulé, du N'zi-Comoé, des Tagouanas.

Cercle de Kong. — Dans les cantons d'élevage au centre du Cercle, à cause de l'étendue des plantations et du déboisement presque complet de la région, les glossines sont peu nombreuses.

Près de Korhogo, sur les rives du petit marigot qui serpente au Nord et à l'Ouest du village indigène, glossina palpalis et glossina longipalpis sont nombreuses et pénètrent jusque dans les cases des habitants. Le cheptel bovin local ne souffre pas de leur présence, mais les chevaux et les ânes trypanosomés sont dans une forte proportion :

Chevaux : 13 examinés, 10 atteints : 3 Pecaudi, malades cliniques. 7 Cazalboui.

Anes : 19 examinés, 6 atteints : 4 Cazalboui, 2 Pecaudi, malades cliniques.

A Sinémentiali, chef-lieu de canton, situé sur la route de Ferkéssédougou à Korhogo, non loin du fleuve Bandama, Trypanosoma Pecaudi fut trouvé à l'examen du sang de 5 chevaux présentant tous les symptômes cliniques des maladies à trypanosomes. Les bœufs baoulés présents étaient tous en très bon état d'entretien et les examens du sang effectués sur un grand nombre d'entre eux furent négatifs.

A Ferkéssédougou, au voisinage de la route reliant Bouaké au Soudan et à la Haute-Volta, les résultats furent les suivants :

97 vaches examinées : 2 Trypanosoma Cazalboui.

19 chevaux examinés : 16 Trypanosoma Pecaudi, malades cliniques.

28 ânes examinés : 13 atteints : 6 Trypanosoma Cazalboui, 7 T. Pecaudi.

A l'est, la région de Kong est désertée par les troupeaux; c'est le domaine du gros gibier. Cette région a d'ailleurs une population humaine très faible. En 1907, le docteur Bouet y a signalé la présence des trypanosomiases humaines.

Au nord, sur la route de Banfora (Haute-Volta) à Kaouara, Glossina longipalpis est très fréquente; elle affectionne les gîtes couverts et humides des marigots et elle s'abat sur tous les animaux de transit à leur traversée de la Leraba, affluent du fleuve Comoé.

A Niellé, sur la route de Ouangolodougou à Sikasso (Soudan), l'examen du sang de 27 vaches baoulées ne révéla aucun trypanosome, alors que 3 chevaux du village et 3 ânes de passage portaient Trypanosoma Pecaudi en abondance dans leur sang.

Dans la région de Boundiali et au nord de ce village, sur les rives de la Bagoé, nous avons trouvé, après les premières pluies d'hivernage, Glossina tachinoïdes.

Cercle d'Odienné. — Dans ce Cercle, les abords des cours d'eau sont moins déserts que dans le Cercle de Kong. Les rives de la Baoulée et du Banifing au Nord, comme les abords du Tiem-Ba, du Sien, de la Boa, de la Férédougou-Ba au sud, sont bien peuplées de glossines, mais ces dernières ne semblent pas troubler les bovins qui vivent dans certaines localités au voisinage de ces rivières.

Sur la route de Boundiali à Odienné, j'ai trouvé Glossina longipalpis et Glossina palpalis. Les examens pratiqués dans trois villages de cette route m'ont donné les résultats suivants :

Siempourgo : 5 ânes examinés, 2 atteints Trypanosoma Pecaudi.

Tiémé : 13 chevaux examinés, 2 atteints Trypanosoma Pecaudi.

Odienné : 15 chevaux examinés, 2 atteints Trypanosoma Pecaudi.

D'une façon générale, nous avons constaté que les troupeaux d'importation dans ce Cercle ne payaient pas un aussi lourd tribut aux trypanosomes que le bétail qui franchissait la frontière dans le Cercle de Kong.

Cercle du Ouorodougou. — Dans ce Cercle, comprenant à la fois de la forêt et des savanes, les glossines sont nombreuses. Au Nord, on rencontre Glossina Longipalpis, sur les bords du Yani et de la Marahoué. Au Sud de Séguéla et dans les Cercles de Man, du Haut-Sassandra et des Gouros, on trouve Glossina palpalis et Morsitans en abondance. Aux environs de Mankono et sur les rives de la Béré, affluent du Bandama, habite Glossina Tachinoïdes.

Les examens histologiques du sang pratiqués sur le parcours Séguéla-Béoumi ont fourni peu de résultats positifs malgré le grand nombre des tsé-tsés. Les indigènes n'échappent pas à leurs piqûres aux passages des rivières Marahoué et Béré. Les animaux appartenant aux races Baoulée et N'Dama résistent parfaitement dans ces régions.

Bœufs Baoulés : 19 examinés, aucun atteint.
Bœufs N'Damas : 2 examinés, aucun atteint.
Chèvres : 53 examinés, 2 Trypanosoma Dimorphon.
Moutons : 61 examinés : 1 Trypanosoma Dimorphon.

Cercle des Tagouanas. — L'abondance des mouches piqueuses aux abords du Comoé, du N'zi, du Bandama a déterminé le recul des populations animales et humaines. Les rares villages situés sur ces cours d'eau sont dépourvus de gros bétail; et les chèvres qui vivent avec les habitants sont infectées.

Cercle du Baoulé. — Les environs immédiats de Bouaké, chef-lieu du Cercle sont exempts de glossines; mais en m'éloignant de ce centre européen pour me diriger sur Béoumi, j'ai trouvé Glossina palpalis le long des marigots.

A l'ouest, dans toute la région du Bandama, Glossina longipalpis est fréquente. On y trouve également Glossina morsitans et Glossina palpalis, mais en moins grand nombre. Les examens microscopiques affectués sur les animaux voisins du fleuve m'amenèrent aux résultats suivants :

Tiendikro : 7 chèvres examinées, 1 atteinte Trypanosoma Cazalboui.

Alékro : 25 bœufs examinés : 0 atteint(race Baoulée); 2 antilopes (corvicabra redunca), résultats négatifs, (les préparations ayant été faites aussitôt après la mort).

3 singes (Colobus polycomus) résultats négatifs, même raison.

Marabadiassa : 60 vaches examinées, 3 atteintes Trypanosoma Cazalboui (vaches métisses Zébu-Baoulé).

10 chèvres examinées : 0 atteinte.

6 moutons examinés : 0 atteint.

A l'est, l'abondance de Glossina longipalpis est considérable, particulièrement sur les rives du N'zi. Ces mouches pullulent et s'aventurent très loin dans les savanes peu boisées trouvant sur le gibier qui abonde en cette région leur nourriture habituelle.

Dans le Sud du Cercle, la rareté des troupeaux n'est pas surtout le fait de la présence de Glossina longipalpis et Glossina palpalis, mais celui de la conquête et des épidémies de peste bovine.

En conclusion, l'existence des trypanosomiases animales dans les Cercles de la zone moyenne et de la Haute-Côte d'Ivoire nous montre : l'impossibilité actuelle de l'acclimatement de l'âne en Côte d'Ivoire.

— la possibilité pour le cheval de vivre dans certains centres très localisés, à condition de ne pas fournir un travail pénible, en particulier de fréquentes excursions.

— l'obligation d'adopter les mesures de prophylaxie sanitaire préconisées par Cazalbou dans les régions enzootiques; le débroussement, la lutte directe contre les mouches et la destruction du gros gibier ne constituant pas, à l'heure actuelle, des moyens pratiquement utilisables.

— la nécessité pour les troupeaux étrangers importés de suivre des routes commerciales fixes, de ne pas voyager aux heures chaudes de la journée et d'être utilisés pour la boucherie dès leur arrivée dans les centres commerciaux.

— l'importance au point de vue de l'élevage de répandre et de sélectionner les animaux de race Baoulée et N'Dama, précieux par leurs qualités exceptionnelles de résistance aux tryponasomiases.

b) *Peste bovine et Péripneumonie.* — Le bétail de transit provenant des Colonies frontières du Soudan et de la Haute-Volta est, comme nous l'avons vu précédemment, le gros facteur de dissémination des maladies contagieuses en Côte d'Ivoire. Aussi était-il nécessaire, avant d'entreprendre toute prophylaxie médicale, de réduire au minimum le nombre des voies d'accès pour les troupeaux d'importation pénétrant par voie de terre dans la Colonie et d'organiser une défense sanitaire des troupeaux autochtones en établissant un contrôle à leur entrée dans les Cercles frontières : Bouna, Korhogo, Odienné. L'absence de personnel technique rendait rigoureuses ces mesures de surveillance sanitaire.

L'étude des voies de pénétration servant au transit, m'a amené aux constatations suivantes :

Dans le Cercle de Bouna, le seul trafic de bétail important a lieu avec la Gold-Coast. Les caravanes venant de Diédougou, de Gaoua (Haute-Volta) passent par Bouna pour rejoindre le gué qui leur permet de traverser la Volta noire.

Un courant plus dangereux qu'utile et très irrégulier se fait en outre, à l'époque des fêtes musulmanes, vers Dabakala et Bondoukou,

Dans le Cercle de Kong, les conducteurs de troupeaux venant de Haute-Volta empruntent le plus souvent la route de Banfora (Haute-Volta)-Kaouara (Côte d'Ivoire)-Ouangolodougou-Tafiré-Katiola-Bouaké, mais pénètrent aussi par les sentiers de brousse dans la direction de Kong-Dabakala.

L'entrée du bétail soudanais a lieu :

— au centre de ce Cercle, par la route Sikasso (Soudan) — Ouemelhéro (Côte d'Ivoire) — Ouangolodougou ; ce dernier village forme le point de croisement avec la route venant de Banfora et les animaux importés s'acheminent ensuite vers Bouaké par la route Ouangolodougou-Ferkéssédougou-Tafiré-Bouaké.

— à l'ouest, par la piste de Tengréla à Boundiali. De ce pays, le bétail se dirige sur Mankono, Vavoua, Daloa, dans les Cercles du Haut-Sassandra où il sert de monnaie d'échange aux dyoulas pour le paiement des kolas. Le fait que ces animaux sont disséminés dans les villages et ne sont pas livrés immédiatement à la consommation, rend la lutte contre les épidémies très difficile. Quelques troupeaux empruntent parfois le chemin de Bouaké par Marradiassa (Cercle du Baoulé), mais très rarement, car le passage du Bandama en ce point offre de grosses difficultés.

Dans l'Odienné, les routes et les sentiers de caravanes sont multiples : Dans le canton du Folo, les bœufs de Haute Guinée entrent par Somotou-Tienny-Maninian; ceux provenant du Soudan pénètrent par Sokora, Guenzou, Maninian. Dans le Bodougou, l'importation a lieu par la route de Bougouni à Odienné par Manankoro et Kabangoué et le sentier passant par Kongoli, Missamanaha rejoignant la route d'Odienné à Kabangoué.

Dans le Toudougou, les dyoulas entrent avec leurs troupeaux par Kona, Tahara, Goulia traversant ensuite le Toron pour rejoindre Odienné. D'autres descendent par Tienny, Ouahiré, coupent le Fouladougou, canton d'élevage, à Sienhala, Fengolo, puis se dirigent sur Séguéla, traversent encore un nouveau pays d'élevage : le Nahoulou. Ce chemin est très parcouru au moment de la vente des kolas en forêt et son égal éloignement des postes européens de Boundiali et d'Odienné fait qu'il échappe à toute surveillance.

Dans le M'Vadougou, les animaux soudanais entrent par Sokourani, Sémi, Ouahiré.

A l'Est, le Gouala et la zone montagneuse forment une frontière naturelle qui empêche toute pénétration. Il n'y a d'ailleurs pas à craindre de contagion du côté de la Guinée.

Ces données acquises, nous avons fixé les routes sanitaires.

Dans le cercle de Bouna, le transit avec la Côte d'Ivoire étant très restreint, les populations Lobis opposant des difficultés à l'entrée dans leur territoire, et d'autre part un déplacement rapide, faute de routes, étant impossible en cas d'épizooties, nous avons demandé l'interdiction du trafic animal par ce Cercle à l'autorité administrative.

Dans le cercle de Kong, les routes officielles permises au bétail importé sont les suivantes :

a) *Pour les troupeaux provenant de Haute-Volta.*

Route A. — Kaouara-Ouangolodougou-Tafiré-Katiola-Bouaké.

La pénétration par Kong Dabakala est interdite, cette voie n'étant utilisée que par des indigènes peu scrupulcux, conduisant des animaux en mauvais état. La Comoé par ses glossines, les régions désertiques de la subdivision de Kong, véritable domaine des tsé-tsés et du gros gibier y restreignent la possibilité d'un trafic régulier.

b) *Pour les troupeaux soudanais.*

Route B. — Ouemelhoro-Niellé-Diaouallat-Ouangolodougou. A partir de ce village, elle devient commune avec la route A. Elle suit la convexité de la boucle décrite par le Bandama. Elle évite ainsi les régions d'élevage où la population bovine est la plus dense ; le Bandama constitue une frontière naturelle de protection.

Route C. — Tengréla-Boundiali-Yrikélé-Mankono-Daloa.

Dans le Cercle d'Odienné, trois faits ont retenu notre attention pour l'établissement des routes sanitaires :

— l'absence de frontière naturelle avec le Soudan,

— la multiplicité des sentiers indigènes qui le pénètrent ;

— la répartition presque uniforme du bétail.

Les itinéraires que doivent suivre obligatoirement les caravanes sont :

Route D. — Ouahiré-Sienhała-Sénéba-Lossingué-Morondo vers Séguéla, Vavoua, Daloa.

Route E. — Kabangoué-Samatiguila-Odienné-Touba vers Man, Séguéla, Daloa.

Route F. — Maninian-Samatiguila. Ce dernier village est le point de raccordement avec la route E.

Pour réaliser la surveillance de ces routes, nous avons établi le contrôle sanitaire comme suit :

1° Etablissement aux têtes de routes, à Kaouara, Ouemelhoro, Tengrela, Ouahiré, Kabangoué, Maninian de postes sanitaires de première zone pour l'examen du bétail, avec quarantaine de 6 jours obligatoire pour la totalité des animaux circulant, quelle que soit leur provenance.

Dans chacun de ces postes sont placés des infirmiers indigènes ayant reçu, au cours d'un stage à Bouaké, les instructions nécessaires à leur emploi. Ils ont à reconnaître les symptômes et les principales lésions des maladies contagieuses : en particulier, de la peste bovine et de la péripneumonie; à effectuer la vaccination péripneumonique et la sérumnisation antiseptique. Aussitôt la constation d'une de ces maladies sur un troupeau, ils doivent prendre les premières mesures de police sanitaire immédiatement utiles en attendant l'arrivée du vétérinaire. En outre, ces infirmiers sont astreints à marquer chaque animal au feu, de la lettre désignant la route sanitaire à suivre, de le sérumniser préventivement en tous temps contre la peste bovine, de viser les laisser-passer délivrés par la colonie d'origine aux conducteurs d'animaux. De plus, ils doivent consigner le nombre d'animaux circulant afin de renseigner le vétérinaire sur le trafic à l'importation, et, s'occuper de l'état sanitaire du bétail dans le secteur dont ils ont la garde. Des parcs à bestiaux sont établis dans les postes sanitaires et sont aménagés pour que le bétail puisse y séjourner sans subir de dépréciation; en outre, ils facilitent l'examen des infirmiers et rendent plus rapide et plus pratique l'intervention en cas de maladies contagieuses.

Les mesures de désinfection et de police sanitaire sont strictement prises dans ces postes en conformité de la loi du 21 juin 1898, du décret du 6 octobre 1904 et de celui du 7 décembre 1915 sur la police sanitaire des animaux domestiques en Afrique occidentale française.

Une deuxième surveillance du bétail de commerce a lieu dans des postes dits « de deuxième zone » :

A Tafiré : contrôle des animaux des routes A et B;

A Boundiali : contrôle pour la route C;

A Sénéba : contrôle pour la route D;

A Odienné : contrôle pour les routes E et F.

Ces postes de contrôle surveillent, en outre, tous les sentiers que peuvent employer frauduleusement les conducteurs de troupeaux.

Dans ces postes, les infirmiers-vétérinaires en service, examinent les animaux pendant l'arrêt d'un jour auquel ces derniers sont soumis. Ils contrôlent la marque et le nombre des animaux composant les troupeaux conformément aux indications du laisser-passer et signalent les fraudes. Ils sont appelés aussi à remplir le rôle de vaccinateur et à surveiller l'état sanitaire du cheptel autochtone dans les Cercles où ils sont affectés.

Ces postes de deuxième zone ont été créés pour empêcher les duperies de l'indigène. En effet, les dyoulas qui perdaient des animaux, par maladies, en cours de route, allaient en acheter dans le village éleveur le plus proche; ainsi, à l'arrivée dans le centre européen, le troupeau se composait du même nombre de têtes indiqué par le laisser-passer. Ils cachaient les bêtes crevées dans la brousse ou les vendaient dans les villages indigènes éloignés de toute surveillance administrative. C'estde cette façon que l'infection pestique se répandait dans des agglomérations de la brousse très distantes du passage des troupeaux étrangers. Pour mener ce contrôle à bonne fin, nous espérons compléter cette organisation par la création de campements sanitaires pour le bétail de transit : ces abris seront aménagés, tous les 20 km. environ, à proximité d'un marigot et à une certaine distance des villages. Il sera interdit aux dyoulas de stationner dans les villages avec leurs troupeaux, et, les chefs de villages en bordure des routes sanitaires auront ordre d'exiger la surveillance des troupeaux autochtones.

2º *Prophylaxie médicale.* — Le Service vétérinaire, pendant ses deux premières années d'existence, n'a pas pu entreprendre systématiquement la stérilisation du territoire : en matière de peste bovine, par la sérothérapisation ou la séro-vaccination et, en matière de péripneumonie, par des vaccinations annuelles. Ces premières années furent consacrées surtout aux mesures administratives de défense sanitaire précédemment indiquées, par suite du manque de personnel technique. Le jour où l'Ecole vétérinaire indigène de Bamako aura formé un assez grand nombre de vétérinaires auxiliaires pour assister le vétérinaire européen, la lutte médicale contre les maladies contagieuses deviendra plus aisée.

Etant seul à assurer le service, et n'ayant eu pendant

deux années que la chaise à porteurs comme moyen de transport, afin de limiter l'extension du mal, je me suis borné à une action médicale dans les régions infectées. Contre la péripneumonie, nous employions l'immunisation par le procédé Nocard : sérosité pulmonaire fraîche additionnée d'un antiseptique à dose empêchante et non microbicide : eau phéniquée glycérinée à 5 pour 1000. Une injection de 1/4 de centimètre-cube est faite sous la peau de l'extrémité de la queue. Contre la peste bovine, nous avons pratiqué l'immunisation par l'inoculation simultanée de sérum et de virus. Malheureusement, le sérum nous a fait souvent défaut; alors nous avons utilisé la bile provenant des malades dont nous assurions pratiquement la conservation par l'addition d'acide phénique à la dose de 2 pour 1.000. Cette immunisation active nous a donné de bons résultats, et sur des animaux menacés de la contagion, et sur des bovins de milieux contaminés dont la température ne dépassait pas 39° 5. Le succès fût d'autant plus grand que les vaccinations pratiquées le furent avec une bile provenant d'animaux malades abattus pendant la phase des lésions externes et gastro-intestinales. Il y a eu des mortalités, après la vaccination, chaque fois que la bile avait été prélevée sur des animaux abattus à la période de début de la peste.

Comme je l'ai dit précédemment, les animaux en transit reçoivent une injection préventive de sérum aux postes sanitaires.

Malgré les difficultés qui persistent encore, faute d'un nombre suffisant d'infirmiers vétérinaires pour appliquer les mesures envisagées, la mortalité par maladie contagieuse a considérablement diminué en Côte d'Ivoire :

De 1923 à 1924, la peste et la péripneumonie faisaient 8.000 victimes;

De 1924 à 1925, les pertes s'élèvent à 532 bovidés : 472 peste bovine; 60 péripneumonie.

La stricte surveillance de la circulation du bétail de transit doublée d'une prophylaxie médicale dans la Colonie permettra au pays d'intensifier sa vie économique agricole et avec des disponibilités suffisantes, de pourvoir à son ravitaillement.

Déjà le cheptel bovin local se reconstitue en Haute-Côte d'Ivoire (subdivision de Kong, nord du Cercle des Tagouanas, subdivision de Mankono) et dans la zone Baoulée (est de la subdivision de Béoumi, subdivision de Bouaké).

Un arrêté interdit dans la colonie l'abatage des vaches et des génisses. Seules, les vaches âgées ou impropres à la reproduction peuvent être sacrifiées.

TROISIÈME PARTIE

AMÉLIORATION DE L'ÉLEVAGE.

Les régions d'élevage qui méritent particulièrement notre attention en Côte d'Ivoire sont les zones moyenne et soudanaise.

En Basse-Côte d'Ivoire, nous avons vu que le principal obstacle à l'exploitation du bétail réside dans la vie économique même du pays. Comme je l'ai dit dans un chapitre précédent, les peuplades de la forêt trouvent toute l'année et sans peine les produits dont la vente ou l'échange leur permet de satisfaire leurs besoins. C'est plus un sentiment de vanité que l'appât du gain qui pousse certains indigènes à posséder des animaux. On conçoit donc les difficultés qui s'opposent à entreprendre actuellement le développement de l'élevage dans la zone forestière, puisque toute préoccupation intéressée est exclue de cette exploitation.

D'ailleurs, comment nous serait-il possible de reconstituer rapidement le cheptel en cette région? La race des Lagunes, seule race vraiment adaptée à la forêt, qu'il aurait été nécessaire de conserver économiquement, n'a plus que de rares représentants. D'autre part, l'introduction de reproducteurs de la zone moyenne ne semble pas résoudre ce problème; il nous a été donné de le constater à la Station d'agriculture de Bingerville où avait été introduit un petit troupeau de bovins baoulés. Ces animaux, cependant bien soignés, dépérirent très rapidement. La mortalité fut très élevée du fait des difficultés imposées par les nouvelles conditions de vie :

— le changement de milieu (faune et flore différentes);

— le changement de régime (alimentation moins nutritive, assimilation de mauvais fourrages entraînant une dépense considérable d'énergie au détriment de l'organisme, eaux saumâtres et malsaines).

— la sensibilité plus grande aux maladies parasitaires du sang : trypanosomiases et piroplasmoses; ces deux maladies, le plus souvent surajoutées chez le même animal, entraînent une mortalité de 80 %.

L'élevage du porc serait le plus rationnel en Basse-Côte d'Ivoire surtout s'il devenait le complément d'une entreprise industrielle traitant les graines oléagineuses : palmistes et noix de coco que la forêt et les Lagunes produisent en abondance. L'utilisation des sous-produits : tourteaux de palmiste et de coprah rendraient dans ces conditions les plus grands services pour l'amélioration de la race porcine. Nous pourrions faire appel, alors pour le perfectionnement du type actuel, soit à des verrats de l'Afrique du Nord (porcs dérivés de la race limousine et espagnole) soit à des verrats de Casamance (déjà sélectionnés).

La zone moyenne d'élevage offrant plus d'intérêt devait, en premier lieu, attirer nos efforts. Limité par le temps, par les moyens d'action, nous nous sommes appliqués pendant ces premières années au perfectionnement de la production bovine, celui des espèces ovine et caprine reposant sur les mêmes bases : amélioration des conditions d'existence et de l'élevage. Me heurtant à un système d'élevage si primitif, me trouvant seul à parcourir un pays de 315.000 kilomètres carrés et ayant à lutter contre les épizooties, il me fallait tout d'abord éduquer l'indigène. Cette éducation fut entreprise en 1923 à la Ferme-Ecole de Bouaké placée au centre de la zone Baoulée. Les élèves recrutés à raison de 2 % de la population des Cercles viennent passer une période de 6 mois à la Ferme. Afin de les encourager à venir sans contrainte profiter de l'enseignement agricole pratique qui leur est donné, deux génisses sont offertes gracieusement aux deux indigènes les plus méritants du stage; en outre, diverses récompenses (instruments aratoires, primes en argent) sont également distribuées aux élèves dont le travail a été satisfaisant.

La Ferme d'élevage de Bouaké s'attache d'une part à la conservation et à l'amélioration de la race bovine baoulée, et d'une autre à la dispersion du bétail dans les villages ainsi qu'à la reconstitution des troupeaux.

La précieuse constitution de la race baoulée nous a guidés dans la réalisation de la première partie de ce programme.

La race baoulée, en effet, possède des qualités d'adaptation au milieu : vigueur, rusticité, résistance aux trypanosomiases qu'il était indispensable de sauvegarder. Le perfectionnement de ce type fut dirigé vers la production de la viande, car le bœuf baoulé est pourvu de tous les caractères d'un animal de boucherie : finesse du squelette, ampleur du tronc, réduction des extrémités.

Cette amélioration s'appuie sur les facteurs d'hygiène générale : cricumfusa, percepta, genitalia, ingesta.

L'alimentation, base de toute sélection, fait l'objet de soins spéciaux, à la Ferme, surtout en saison sèche. Des réserves alimentaires de trois ordres sont constituées : des grains, des tubercules, des fourrages.

a) *Grains*.— Le maïs (*Zea maïs*), le sorgho (*sorghum vulgare*), le riz (*oriza sativa*) sont distribués, concassés ou réduits à l'état de farines brutes, aux jeunes bovins destinés à former des reproducteurs ainsi qu'aux vaches gestantes et nourrices qui ont besoin de substances albuminoïdes.

b) *Tubercules*.— Nous veillons surtout à ce que soit étendue la culture de la patate (*ipomea batatus*), car c'est la culture la plus pratique pour l'indigène. Elle est appréciable par les rendements importants en tubercules qu'elle procure et d'autre part, elle donne un excellent fourrage qui se conserve vert sur pied au milieu de la dessication générale. La patate très riche en hydro-carbones, sucres et sels minéraux convient à l'engraissement des bœufs adultes. Par son eau de constitution, elle influe chez les vaches nourrices sur la quantité de lait sécrété pendant la saison sèche. Par ses sucres, elle combat, dans une certaine mesure, la dépense de glycose transformé en lactose pendant la lactation. Par sa richesse en sels minéraux, elle sert au développement du squelette chez les jeunes.

Les autres tubercules employés sont le manioc (*manihot dulcis*) et les ignames (genre *dioscorea*).

c) *Fourrages.* — Les fourrages verts sont constitués par des succédanés de l'herbe de brousse : les fanes de patates, le maïs vert, les feuilles d'ambrevades (*cajanus flavus*) et les gousses, les fruits et les feuilles hachés de bananiers (genre *musa*), les feuilles de manioc, les fanes de phaseolus lunatus.

Des essais pour l'amélioration des pâturages naturels sont entrepris dans les terres humides avec l'herbe de Para (*panicum molle*) et l'herbe de Guinée (*panicum maximum*).

Les fourrages secs sont formés de paille d'arachides (*arachis hypogea*) et de foin séché et salé. L'adjonction de fanes d'arachides au foin a pour résultat de resserrer la relation nutritive : $\frac{M.\ A.}{M.\ N.\ A.}$

Le foin est composé des meilleures graminées (genre *panicum*, g. *pennisetum*, g. *agrostis*, g. *cynodon*. g. *paspalum*) et légumineuses de brousse (g. *despodium*, *fanes de soja hispida*, etc.). Il est additionné de sel marin, lequel condiment masque la fadeur et corrige le mauvais goût des herbes séchées. Ce foin de bonne odeur est très apprété des animaux. L'utilisation du foin s'impose d'autant plus vivement que les feux de brousse détruisent, pour un laps de temps plus ou moins long, les pâturages fréquentés par les troupeaux. Les opérations de fanage sont d'ailleurs à la portée des indigènes.

L'eau est fournie en abondance et en toute saison par les marigots qui limitent les terrains de la ferme.

La sélection effectuée à la Ferme-Ecole a pour but de

fixer les caractères de la race antérieurement décrite et d'obtenir un type amélioré plus précoce que le type primitif, ce dernier n'atteignant son complet développement que vers 6 ans.

Les veaux font par suite l'objet de soins particuliers dès leur naissance, afin de réunir toutes les conditions physiologiques du développement de l'individu. Pour assurer cette précocité, nous nous appuyons sur les moyens suivants :

— allaitement copieux, sevrage tardif et réglé graduellement ;

— rationnement progressif, continu, abondant, proportionné aux divers âges ;

— emploi d'adjuvants; hygiène générale, application des lois de l'hérédité.

La Ferme d'élevage de Bouaké permet aussi, avons-nous dit, la reconstitution de l'élevage, l'extension du bétail. Elle remplit ce rôle par la distribution de primes. Elle fait don de ses jeunes sujets à ses meilleurs élèves et à certains chefs dévoués. Pour un prix modique, elle tient à la disposition des indigènes les vaches et les taureaux les plus résistants et les plus propres à l'élevage. Elle confie aux éleveurs des géniteurs capables d'améliorer la production dans un secteur déterminé. Chacun de ses reproducteurs est soumis à une surveillance régulière. Il séjourne, alternativement, dans les villages, et au milieu de petits groupes de vaches choisies, la monte en main ne pouvant pas être pratiquée, encore, par les indigènes.

Ainsi, l'éducation modèle que la Ferme donne à l'indigène le force à assimiler les premières notions d'hygiène animale et de zootechnie. L'exemple contribue puissamment à diffuser nos méthodes et à montrer aux noirs les résultats qu'ils peuvent obtenir eux-mêmes.

Dans les villages, les natifs sont encore loin d'admettre l'utilité de créer des réserves alimentaires pour la saison sèche et d'abriter leurs animaux lorsque les conditions climatériques y obligent; aussi l'enseignement à la Ferme est-il complété par des tournées aussi fréquentes que possible dans les villages. Je me suis efforcé, au cours de ces visites, d'attirer l'attention des notables sur cette nécessité de la nourriture et de l'abri afin de diminuer les causes de mortalité permanente de leur bétail. Certains villages, par crainte de réprimande et par mesure de sécurité contre les fauves, construisent bien l'abri, mais imprévoyants et paresseux pour eux-mêmes, ils ne voient pas l'obligation d'assurer des provisions pour des animaux !

Enfin, pour diriger l'élevage dans un sens précis et pour faciliter la sélection, j'effectue, dans mes déplacements, la castration des mâles indésirables. Les produits dégénérés sont retirés de la reproduction, ce qui nous permet d'obtenir un premier noyau de jeunes beaucoup plus homogène et de limiter le nombre de taureaux dans les troupeaux : un taureau pour trente vaches est conservé. La castration ainsi généralisée aura, d'ailleurs, une grosse influence sur le commerce, en lui fournissant davantage de bœufs de boucherie.

En résumé, l'expérimentation à la Ferme, secondée par une action directe dans les villages est la méthode qui nous a donné les plus grandes satisfactions. C'est le seul moyen de gagner la confiance de l'indigène et de l'amener à exploiter son cheptel d'une façon raisonnée.

Aussi avons-nous proposé la création d'une seconde Ferme en Haute-Côte d'Ivoire. La zone soudanaise est un milieu éminemment propice à l'élevage, peut-être plus encore que la zone baoulée. Elle possède actuellement les plus riches troupeaux et les populations Sénoufos qui l'habitent, travailleuses et dociles, se laissent plus facilement diriger dans la voie du progrès. Les Cercles nord sont désormais protégés des grands fléaux de destruction du bétail et le développement de l'élevage peut y devenir important. Ce dernier assurerait la mise en valeur d'une grosse ressource économique et d'un produit d'échange très apprécié, à l'heure où la pénétration du chemin de fer va déterminer la création de nouveaux centres commerciaux.

Dans cette zone, c'est encore la sélection des races existantes qu'il faudra entreprendre, car l'adaptation au milieu comporte des conditions de vie trop spéciales pour l'introduction actuelle des races étrangères améliloratrices. Les races N'Dama et Baoulée et leurs croisements sont trop étroitement liés aux phénomènes extérieurs pour pouvoir risquer le croisement avec des reproducteurs étrangers. Les ressources de la Haute-Côte d'Ivoire étant purement agricoles, nous chercherons à obtenir des races locales, une spécialisation vers le travail afin de préparer l'introduction de la charrue et, par suite, la mise en valeur des territoires actuellement en friche. L'amélioration dans la nourriture du bétail suivra le développement des cultures.

Peut-être sera-t-il alors possible d'entreprendre la sélection des vaches laitières, car l'influence de l'alimentation sur le rendement en lait, quoique subordonné à l'action de l'individualité, est essentielle.

Les mesures employées à la Ferme de Bouaké pour la production bovine, s'appliquent de même au perfectionnement des espèces ovine, caprine et porcine, lesquelles sont pour le pays une ressource alimentaire également importante.

CONCLUSIONS

L'élevage est une nécessité économique pour la Côte d'Ivoire.

La protection sanitaire des animaux domestiques entreprise contre les maladies épizootiques assure les conditions de vie des troupeaux.

Les Fermes d'élevage, tout en stimulant l'indigène, lui donnent la démonstration pratique des moyens à employer pour améliorer l'existence des animaux et perfectionner les races. Aussi leur nombre n'en sera jamais trop grand.

Plus tard, la création de marchés, l'organisation de concours agricoles, la distribution de primes d'encouragement viendront compléter les mesures actuellement employées pour le développement de l'élevage dans les villages.

Certes, les résultats ne progresseront que lentement, car il faut compter avec l'inertie et l'imprévoyance, deux défauts de la race noire. Le vétérinaire devra donc user de persévérance et d'habileté pour aboutir à l'éradication des errements ancestraux.

Loin de nous l'idée d'obtenir, en Côte d'Ivoire, un

développement de l'élevage tel que le pays puisse se livrer à l'exportation ! Mais il est souhaitable de voir s'intensifier la production du bétail pour parer aux besoins toujours grandissants de l'habitant. La consommation de la viande, en Basse-Côte d'Ivoire s'accroît sans cesse avec le développement commercial, et, de ce fait, les débouchés ne manqueront pas à l'élevage local.

Avec la sollicitude de l'Administration et avec l'aide d'un personnel technique suffisant, l'élevage, dans quelques années, pourra apporter à la Côte d'Ivoire un nouvel et important élément de bien-être. Le but étant accessible, tous les efforts doivent converger pour l'atteindre.

BIBLIOGRAPHIE

Professeur **Dechambre**. — Zootechnie générale.

E. Roubaud (*Chef de laboratoire à l'Institut Pasteur de Paris*). — Les mouches tsé-tsés et les conditions de l'élevage en A. O. F.

Vétérinaire **Pierre**. — L'élevage en A. O. F.

Laveran et **Mesnil**. — Trypanosomes et trypanosomiases.

Annales de l'Institut Pasteur, année 1907.

Annuaire de l'Afrique Occidentale française, année 1922.

Routes sanitaires
Postes sanitaires
Limites des cercles
Frontières
Voie ferrée

ÉCHELLE

Kil. 0 20 40 60 80 100 200

Carte de la Côte d'Ivoire

TABLE DES MATIÈRES

Avant-Propos 9

I. — Situation de l'élevage dans la Colonie.

Zone forestière et des Lagunes 11
Répartition des animaux domestiques 12
Caractères ethniques des races rencontrées ... 13
Etat de l'élevage 16

Zone moyenne ou région Baoulée 18
Répartition des animaux domestiques 19
Caractères ethniques des races rencontrées ... 20
Etat de l'élevage 24

Haute-Côte d'Ivoire ou zone soudanaise 25
Répartition des animaux domestiques 26
Caractères ethniques des races rencontrées 27
Etat de l'élevage 29

Effectif et disponibilités 31

II. — Protection de l'élevage.

Obstacles à l'extension du bétail 33
Trypanosomiases 34
Peste bovine et péripneumonie 36

Mesures prises pour la protection du bétail 39

Contre les trypanosomiases 39

Contre la peste et la péripneumonie 45

III. — Amélioration de l'élevage

En Basse-Côte d'Ivoire 55

Dans la zone moyenne 56

En Haute Côte-d'Ivoire 62

Conclusions 65

www.ingramcontent.com/pod-product-compliance
Ingram Content Group UK Ltd.
Pitfield, Milton Keynes, MK11 3LW, UK
UKHW022126260726
13993UKWH00003B/1271